W9-ATF-148

DATE DUE

THOMAS EDISON

INVENTORES FAMOSOS

Ann Gaines

Traducido por Eida de la Vega

Rourke Publishing LLC
Vero Beach, Florida 32964

www.rourkepublishing.com

DERECHOS DE LAS FOTOGRAFÍAS
©Fotografía de archivo, USDI-Sitio Nacional Histórico Edison

SERVICIOS EDITORIALES
Pamela Schroeder

Catalogado en la Biblioteca del Congreso bajo:

Gaines, Ann
    [Thomas Edison. Spanish.]
    Thomas Edison / Ann Gaines ; traducido por Eida de la Vega.
      p. cm. — (Inventores famosos)
    Includes bibliographical references and index.
    Summary: An introduction to the life of the man who developed the electric light bulb and many other inventions.
    ISBN 1-58952-174-9
    1. Edison, Thomas A. (Thomas Alva), 1847-1931—Juvenile literature. 2. Inventors—United States—Biography—Juvenile literature. [Edison, Thomas A. (Thomas Alva, 1847-1931. 2. Inventors. 3. Spanish language materials.] I. Title.

TK140 .E3 G2518 2001
621.3
[B]   2001041683

Impreso en EE. UU. — Printed in the U.S.A.

CONTENIDO

¿QUIÉN FUE THOMAS ALVA EDISON?

Thomas Alva Edison era el séptimo hijo de
Samuel y Nancy Edison. Nació el 11 de febrero de
1847 en Milan, Ohio. Asistió a la escuela sólo
algunos meses entre los siete y los doce años.

A los doce años, comenzó a vender periódicos
en un tren. En 1862, inauguró su propio periódico.
Más tarde, trabajó como operador de telégrafos.
En su tiempo libre, perfeccionó las máquinas
del telégrafo.

UNA VIDA LLENA DE INVENTOS

Antes de que Thomas Alva Edison iniciara su carrera como inventor, la gente que quería enviar un mensaje muy lejos usaba el **telégrafo**. Edison perfeccionó el telégrafo. Las casas y las calles se alumbraban con velas y llamas de gas. Él inventó la luz eléctrica. El **fonógrafo** y el cine también fueron inventos de Edison. Durante su vida, Edison obtuvo 1.093 **patentes**.

Edison inventó muchas cosas en su laboratorio.

EL FONÓGRAFO

En enero de 1869, los inventos de Edison le hicieron ganar mucho dinero. Se pudo mantener como inventor. Diseñó una máquina que podía enviar dos mensajes a la misma vez por un mismo hilo.

En 1877, Edison tuvo una nueva idea. Fabricó una máquina llamada fonógrafo que registraba la voz humana. Luego, se podía oír la grabación. Las voces se grababan haciendo marcas en una cinta hecha de papel de estaño.

Edison con su fonógrafo

Después, una aguja se deslizaba sobre la cinta. La aguja estaba unida a un altavoz. De ese modo, la gente podía escuchar la grabación.

Edison construyó el fonógrafo con la ayuda de John Kreusi. Les tomó 30 horas hacerlo. Lo primero que grabaron fue la canción infantil "Mary Had a Little Lamb". Obtuvieron una patente por el fonógrafo en 1877.

Este fonógrafo es una versión más moderna del invento de Edison.

LA LUZ ELÉCTRICA

El 29 de julio de 1878, Thomas Edison anunció que iba a fabricar una luz eléctrica segura. Su plan consistía en reemplazar las **luces de gas** que se usaban para alumbrar las casas.

Francis Upton se unió a la compañía de Edison en diciembre de 1878. Edison y Upton inventaron la luz eléctrica. Consistía en una bombilla de cristal con un hilo de **platino** dentro. Cuando la **corriente** eléctrica pasaba a través del hilo, la bombilla se encendía. El elevado costo del platino hacía que las bombillas resultaran muy caras.

Las luces de gas se usaban para iluminar las casas antes del invento de Edison.

Probaron a reemplazar el platino con miles de materiales diferentes. En octubre de 1880, decidieron que el **carbono** era el mejor. El 3 de diciembre, Edison mostró la bombilla eléctrica a otras personas.

En la ciudad de Nueva York, en enero de 1881, se alumbró por primera vez un edificio con luz eléctrica. La compañía de Edison abrió entonces su planta de energía en Nueva York. Brindaba luz eléctrica a 85 edificios del centro de la ciudad. En 1892, inauguraron la Compañía General Electric.

La primera bombilla eléctrica lucía así.

EL CINE

En 1888, Edison construyó una cámara de cine llamada **kinetoscopio** que utilizaba una película de **celuloide**. Edison fabricó estas cámaras entre 1891 y 1896. Las vendía principalmente a galerías donde la gente iba a ver películas. En 1910, había más de 20.000 lugares que proyectaban películas.

La cámara kinetoscopio usaba un nuevo tipo de película.

RECORDANDO A THOMAS EDISON

Thomas Edison continuó trabajando hasta los 80 años. Murió en West Orange, New Jersey, el 18 de octubre de 1931. Sus inventos se usan en la vida diaria. Él hizo la primera película hablada, inventó un bolígrafo eléctrico, una máquina copiadora, un micrófono, un teléfono inalámbrico y una batería de acumuladores. También trabajó en un auto eléctrico.

Hoy en día, se le recuerda principalmente por la luz eléctrica. Sus inventos se muestran en muchos museos, incluyendo el Smithsonian y el Museo Henry Ford, en Dearborn, Michigan.

A Thomas Edison se le recuerda principalmente por su bombilla eléctrica.

FECHAS IMPORTANTES PARA RECORDAR

1847	Nace en Milan, Ohio (11 de febrero)
1862	Tuvo su primer negocio a la edad de 12 años
1877	Patentó el fonógrafo
1878	Edison anuncia su plan de hacer una luz eléctrica
1881	Por primera vez un edificio se ilumina con luz eléctrica
1886	Se casa con Mina Miller (24 de febrero)
1888	Edison construye la primera cámara de cine
1892	Se funda la compañía General Electric
1913	Edison hace la primera película hablada
1931	Muere en New Jersey (18 de octubre)

GLOSARIO

carbono — un material muy común en la naturaleza que es muy barato

celuloide — un material incoloro que se utiliza para filmar películas

corriente — flujo de electricidad a través de un hilo

fonógrafo — una máquina que reproduce el sonido

kinetoscopio — una máquina para filmar y proyectar películas

luces de gas — lámparas que usan gas natural

patentes — documentos emitidos por el gobierno que dicen que sólo el creador de un invento tiene el derecho a fabricar, usar o vender el invento por un periodo de tiempo

platino — un material blanco plateado que cuesta mucho dinero

telégrafo — una máquina que envía mensajes a través de hilos eléctricos

ÍNDICE

Lecturas recomendadas

Adler, David A., *A Picture Book of Thomas Alva Edison*. Holiday House, 1996

Linder, Greg. *Thomas Edison: A Photo Illustrated Biography*. Bridgestone, 1999

Wallace, Joseph. *The Light Bulb*. Atheneum, 1999

Páginas Web recomendadas

• www.si.edu/lemelson/edison/html/thomas_ alva_ edison.html

• www.nps.edis/home.html

Acerca de la autora

Ann Gaines es autora de muchos libros de divulgación para niños. También ha trabajado como investigadora en el Programa de Civilización Americana de la Universidad de Texas.